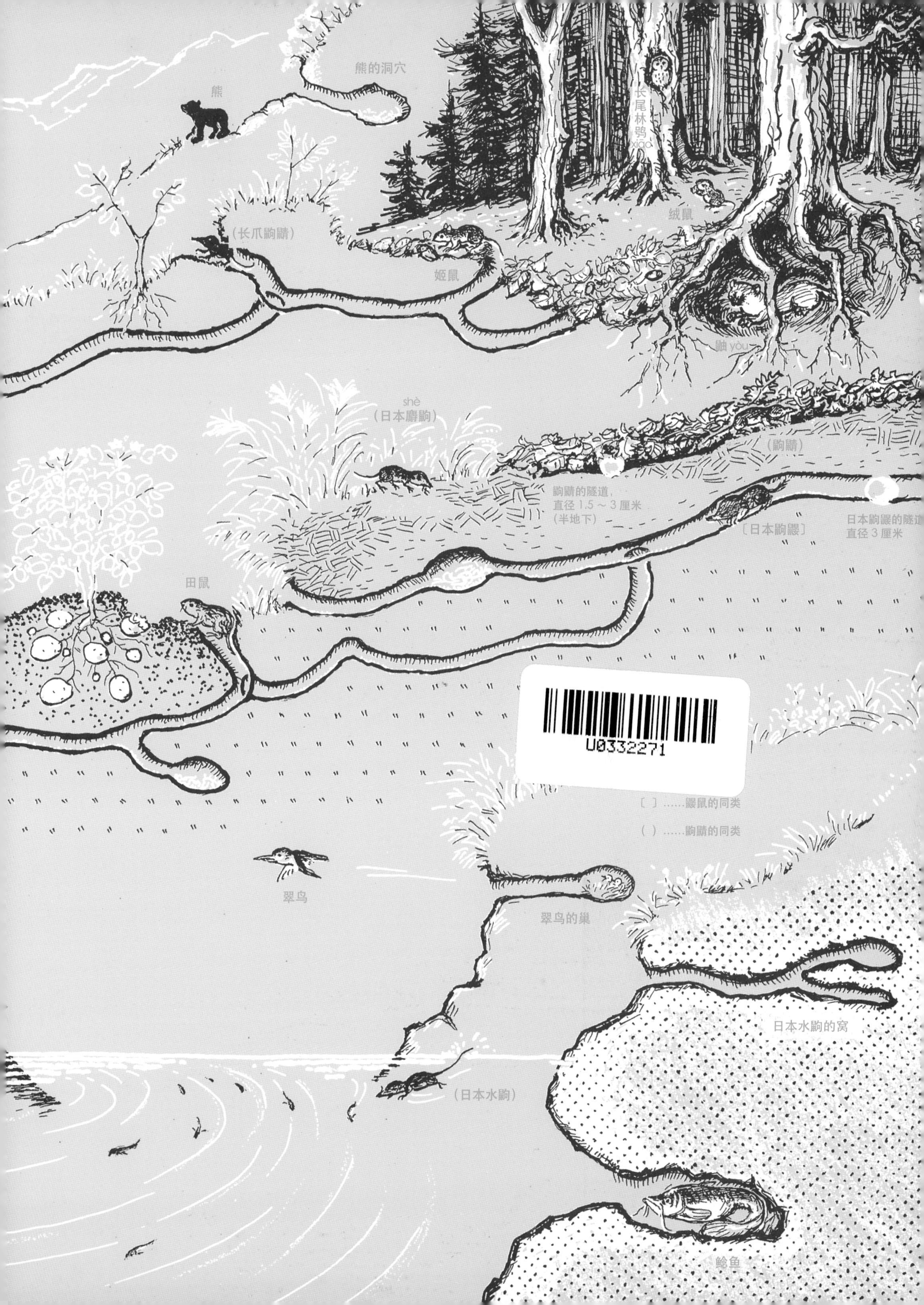
熊的洞穴
熊
长尾林鸮 xiāo
绒鼠
（长爪鼩鼱）
姬鼠
鼬 yòu
shè
（日本麝鼩）
（鼩鼱）
鼩鼱的隧道，
直径 1.5 ～ 3 厘米
（半地下）
〔日本鼩鼹〕
日本鼩鼹的隧道
直径 3 厘米
田鼠
〔 〕……鼹鼠的同类
（ ）……鼩鼱的同类
翠鸟
翠鸟的巢
日本水鼩的窝
（日本水鼩）
鲶鱼

加古里子自然大图鉴

鼹鼠有疑问

[日] 加古里子 / 著绘　杨延峰 / 译　王　放　何　锴 / 审订

生活在北美洲东部潮湿的低洼地带，善游泳，以水生昆虫、蚯蚓等为食。体长 15 ～ 16 厘米。

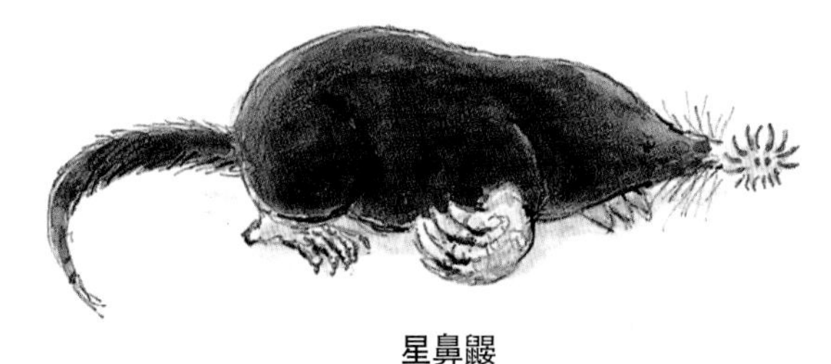

星鼻鼹

广泛分布在日本的平原及低山地带。以蚯蚓、昆虫等为食。体长 14 ～ 16 厘米。

日本缺齿鼹

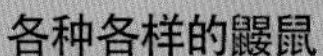

各种各样的鼹鼠

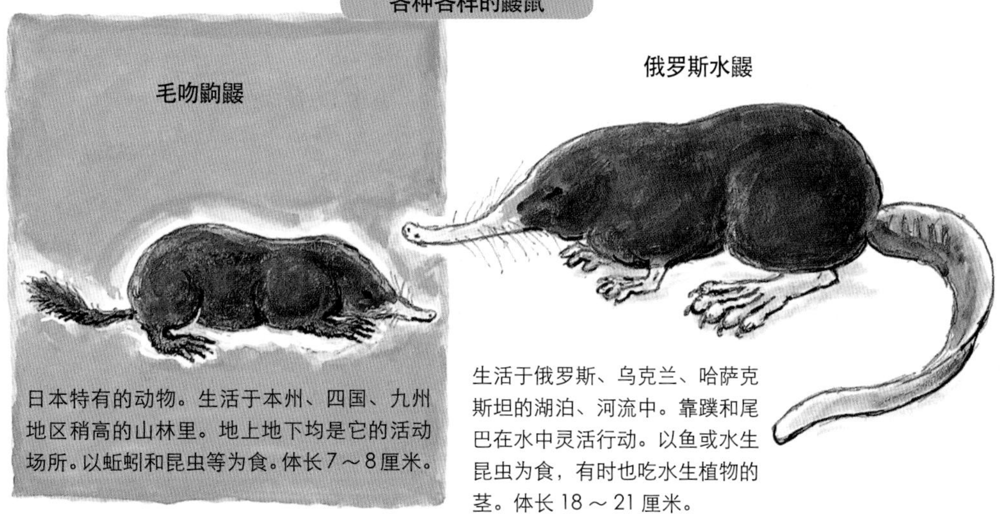

毛吻鼩鼹

日本特有的动物。生活于本州、四国、九州地区稍高的山林里。地上地下均是它的活动场所。以蚯蚓和昆虫等为食。体长 7 ～ 8 厘米。

俄罗斯水鼹

生活于俄罗斯、乌克兰、哈萨克斯坦的湖泊、河流中。靠蹼和尾巴在水中灵活行动。以鱼或水生昆虫为食，有时也吃水生植物的茎。体长 18 ～ 21 厘米。

长江出版传媒 | 长江少年儿童出版社

1. 我是鼹鼠

我是一只鼹鼠。

我住在健先生家的后院里。

所以，我在这一带被叫作“健鼹”。

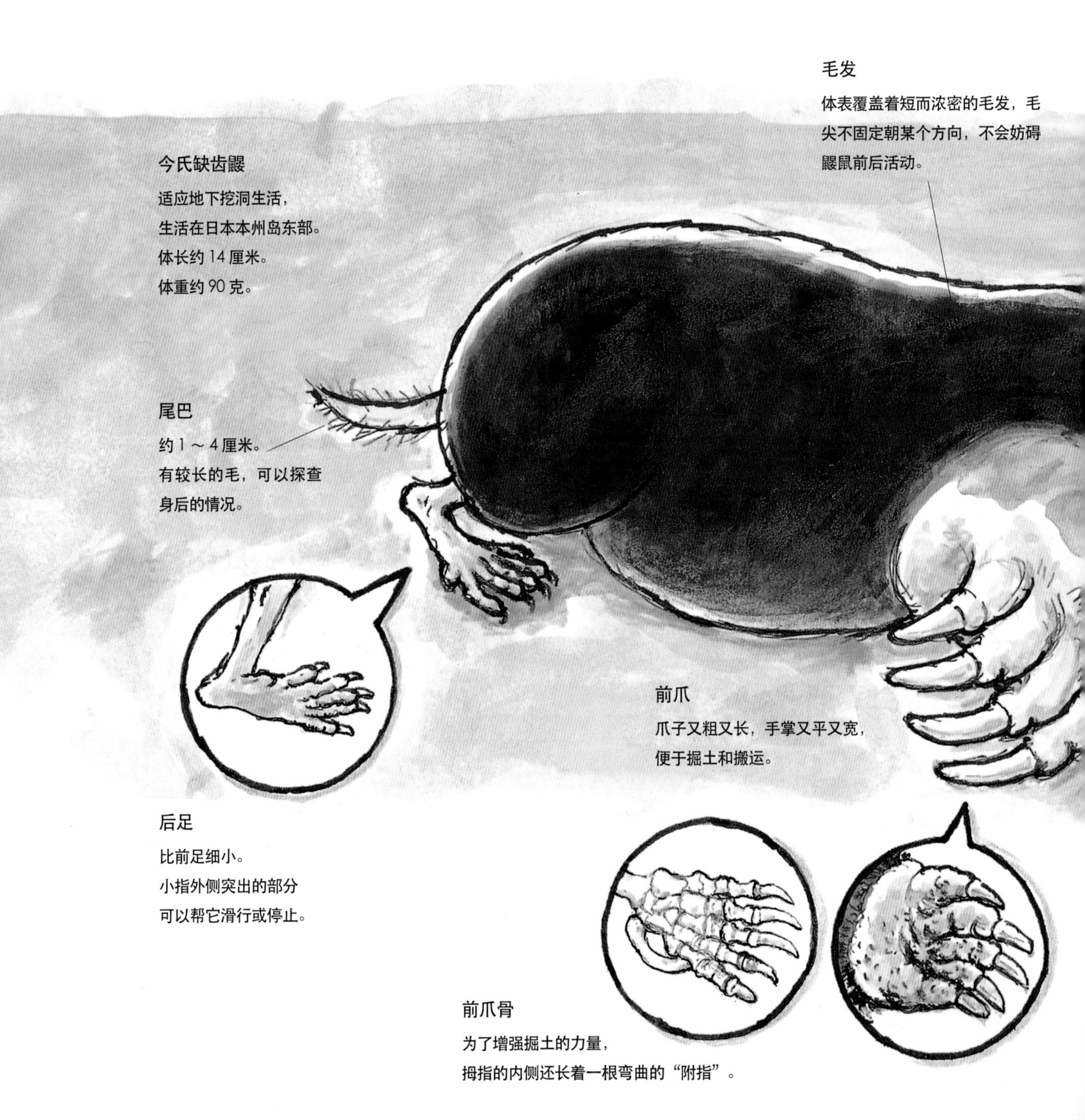

我已经两岁了。

最长寿的鼹鼠也只能活 4 ~ 5 年，所以我也算是上了年纪了。

虽然我觉得我的体型和身高都还行，

近些日子却不怎么受人欢迎。

人们说我没有脖子，眼睛太小，腿太短，

总之就是全身都不好看，

他们还说触须什么的最丑了。

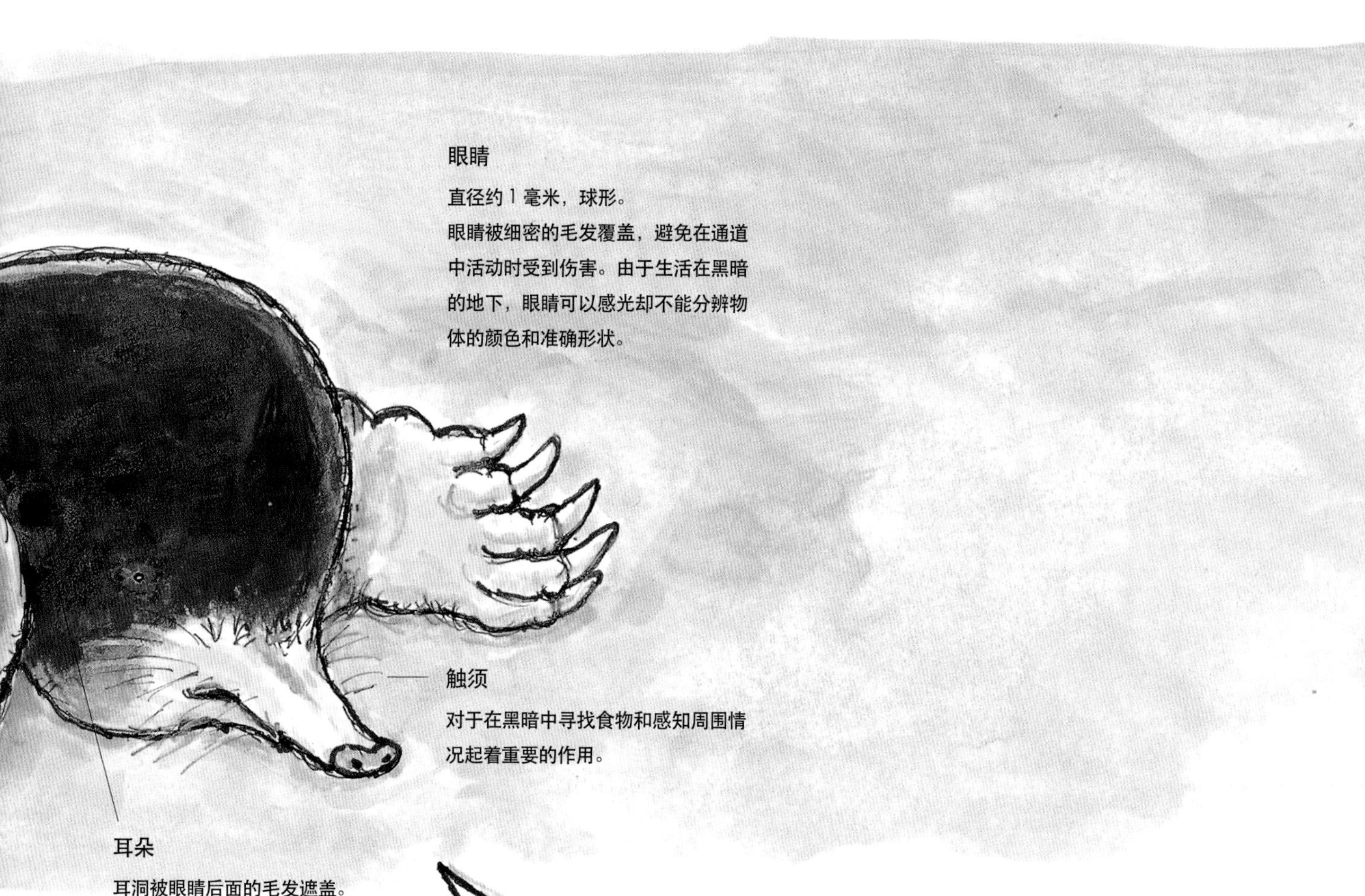

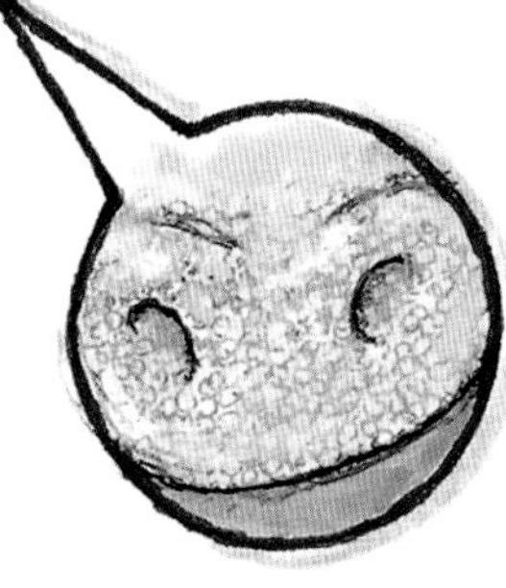

2. 我挖洞穴的方法

尽管人们对我们的评价不高，
可是这种矮矮胖胖的体型
对生活在地底的我们来说
是最完美的体型。
要在地底生活的话，首先就要打造地下通道。
挖洞穴的方法有好多种，
不过我的方法是这样的：

①首先，用突出的鼻子
探查土的情况——
②接着，用前爪挖出一个
能让身体钻进去的洞——
③上下左右用力地拍打按压，
把通道内侧的土拍实。
④把多余的土推到身后，
然后继续深入，把通道挖长。

①探查土的情况

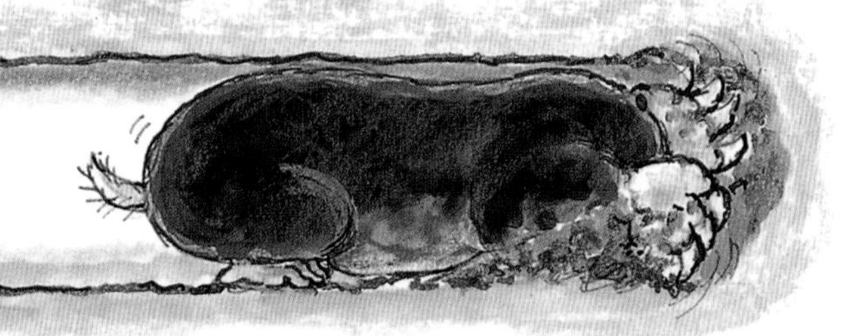

②用前爪像蛙泳一样掘土

③使劲按压造出坚固的土墙

④身体调转方向，把多余的土推到身后

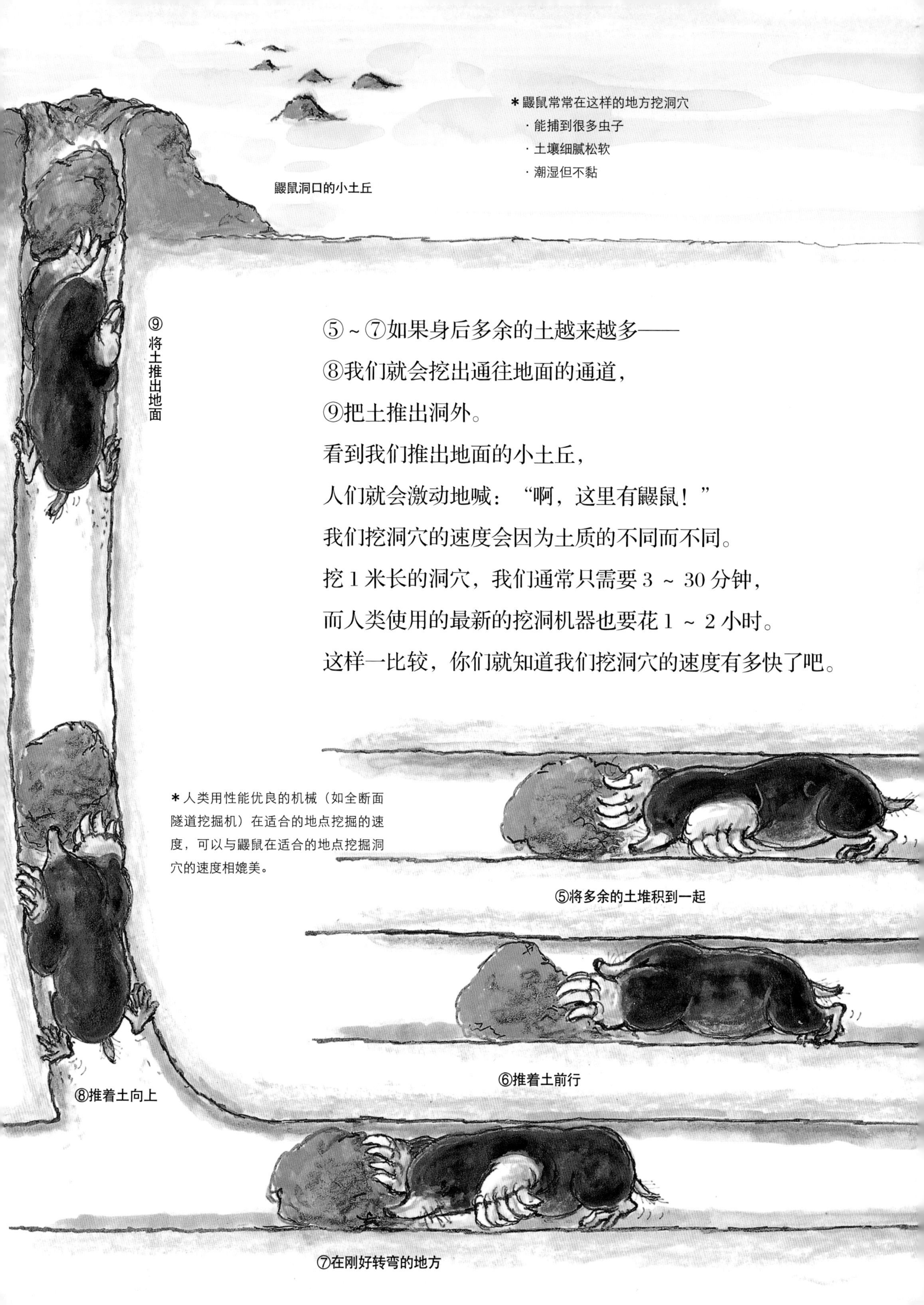

⑤～⑦如果身后多余的土越来越多——

⑧我们就会挖出通往地面的通道，

⑨把土推出洞外。

看到我们推出地面的小土丘，

人们就会激动地喊："啊，这里有鼹鼠！"

我们挖洞穴的速度会因为土质的不同而不同。

挖 1 米长的洞穴，我们通常只需要 3 ～ 30 分钟，

而人类使用的最新的挖洞机器也要花 1 ～ 2 小时。

这样一比较，你们就知道我们挖洞穴的速度有多快了吧。

3. 地下的家和生活

就用这种方法，我们鼹鼠凭借自己的力量
在地下建造了自己生活的地方。
那是一系列像卧室和餐厅一样的房间，
通过隧道相连。

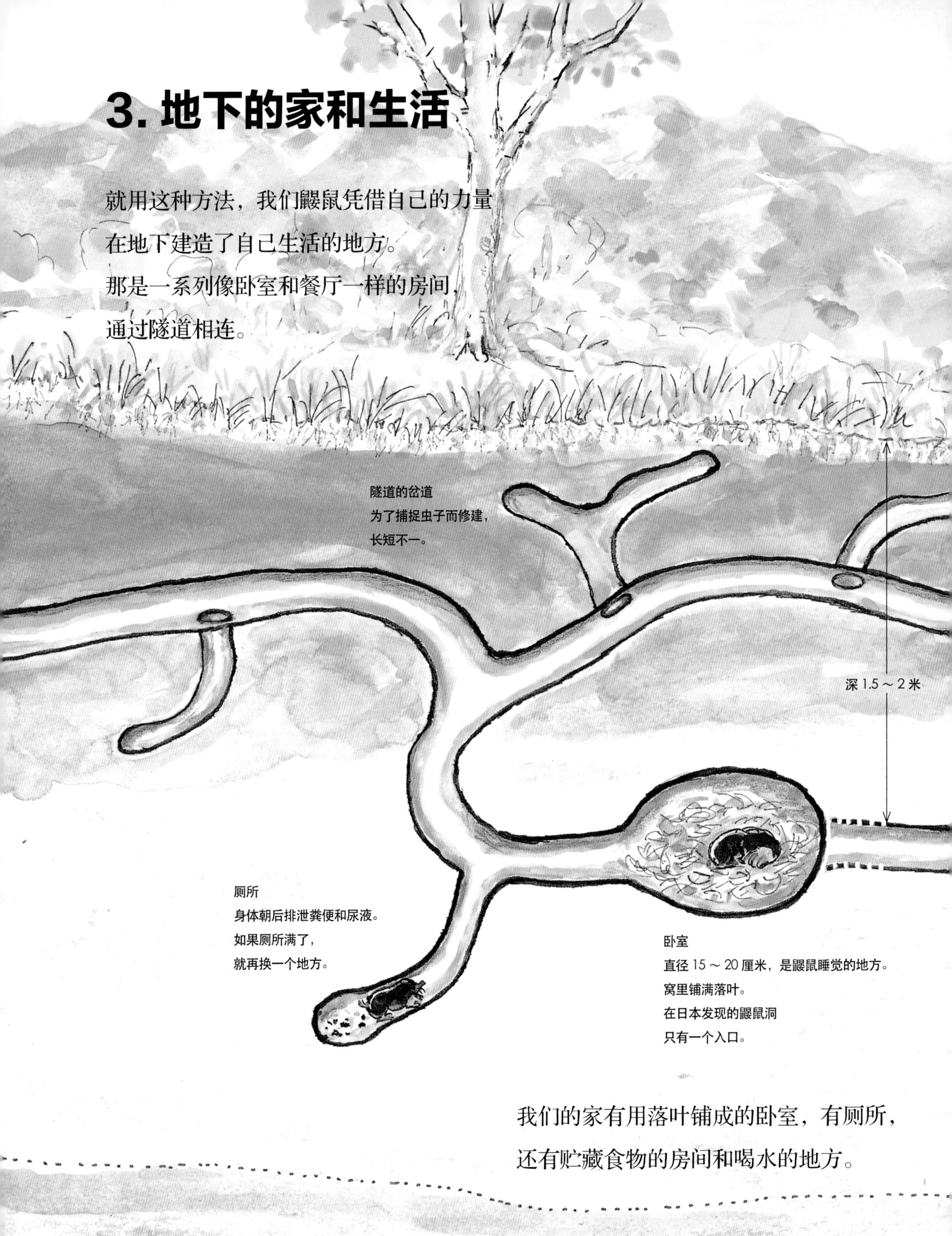

我们的家有用落叶铺成的卧室，有厕所，
还有贮藏食物的房间和喝水的地方。

* 隧道的长度依据地点和食物的分布情况而不同，总长度约为 200 米。

隧道分为常用通道和专门捕食虫子的岔道。

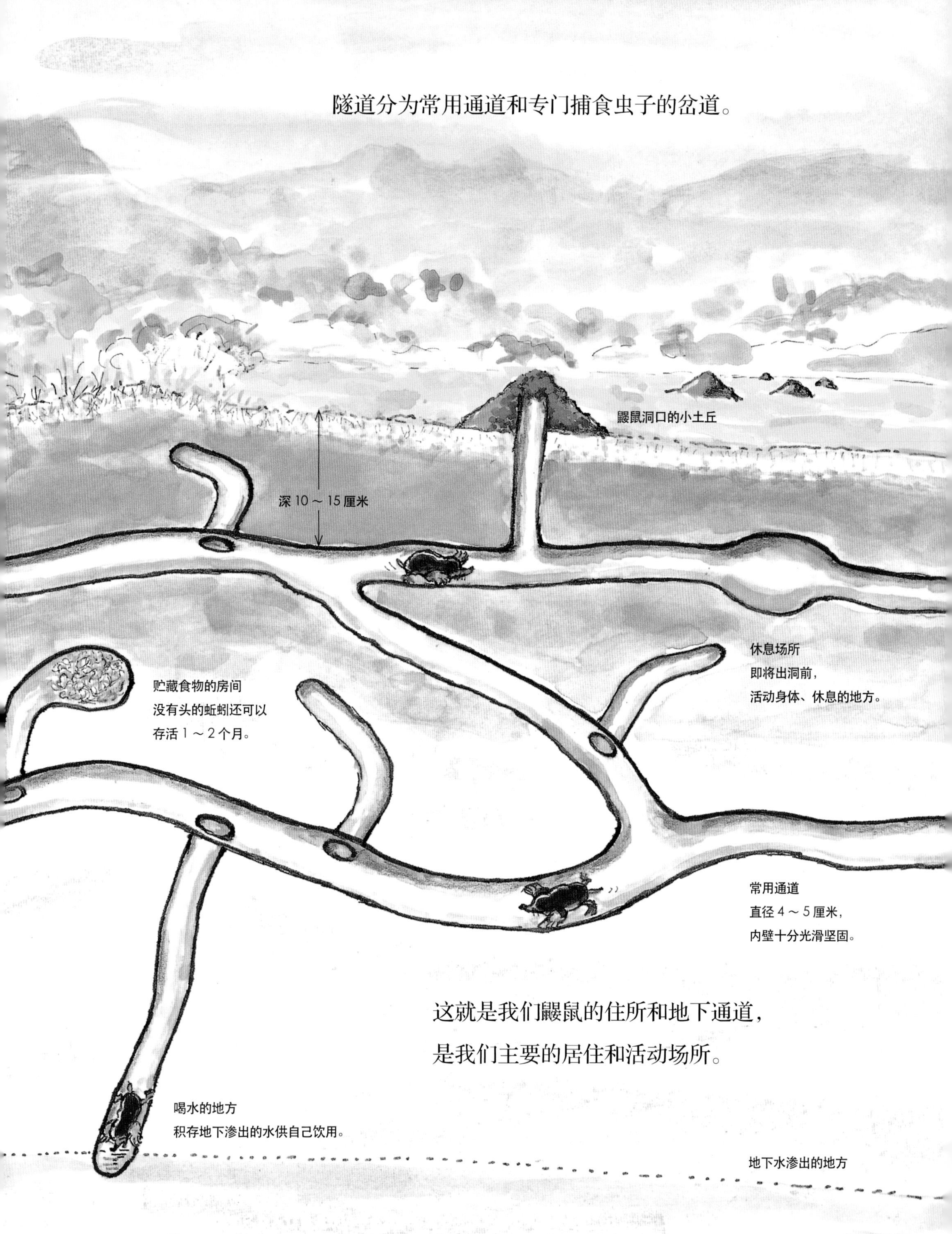

这就是我们鼹鼠的住所和地下通道，

是我们主要的居住和活动场所。

* 为了说明情况，在图中画了好几只鼹鼠，但通常这样的地下通道里只有一只鼹鼠。

4. 我的地盘　邻居的地盘

因为我们的家在地下，

所以小朋友们还是不太懂吧。

我们的卧室和隧道占地大约 400 平方米。

有小学的 6 间教室那么大呢。

以前在我住的地方附近有一只叫阿郎的鼹鼠，

它可是我们的头儿，它拥有这一带最大的地盘，

跟它比起来，我的地盘就小多了。

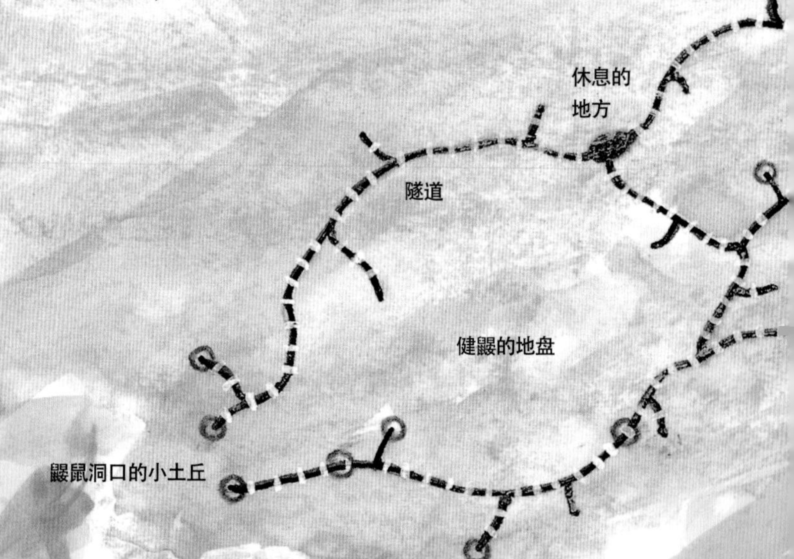

* 鼹鼠的地盘根据地点、地形、土质的不同而大小不一，一般为 400 ～ 2000 平方米。

* 小学教室的标准面积是 7×9，约 70 平方米。

在我住的健先生的家旁边，
是田爷爷的麦田，
麦田旁边早都是“田鼹”的地盘了。

如果我们不小心闯进别的鼹鼠的地盘，
就会被追赶、驱逐。
这虽然是我们鼹鼠之间约定俗成的事情，
但对于别的动物我们却很宽容。
像田鼠之类的，它们常常
悄悄地使用我们的隧道，或者奔跑着穿过我们的隧道。

吃蚯蚓的样子

蝗虫

稻蝗

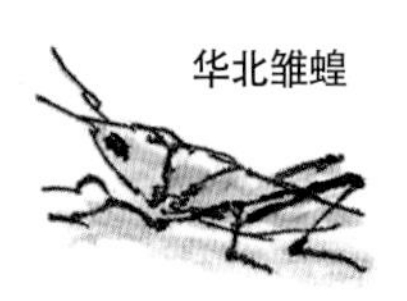

华北雏蝗

铜罗花金龟

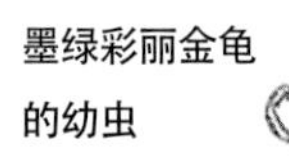

墨绿彩丽金龟的幼虫

绿白斑花金龟的蛹

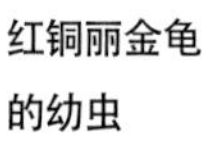

红铜丽金龟的幼虫

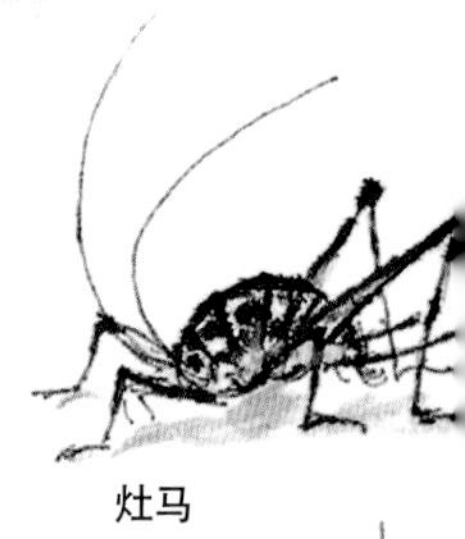

灶马

蝼蛄

步甲

双叉犀金龟

5. 我喜欢的食物

如果要问我们，生活在黑黢黢(qū qū)的地下

有什么开心的事，那就是吃自己喜欢的食物。

不是我吹牛，其实我们鼹鼠胃口很大，

所以我们总是吃东西。

一天就可以轻松地吃下

自己体重一半那么多的食物。

要是拿人类来打个比方，

就是小孩子（体重 30 千克）一天要吃 150 碗饭，

大人（体重 60 千克）一天要吃掉一只小猪。

* 鼹鼠一天会吃掉 30 ～ 40 克食物，其中一半以上是蚯蚓。

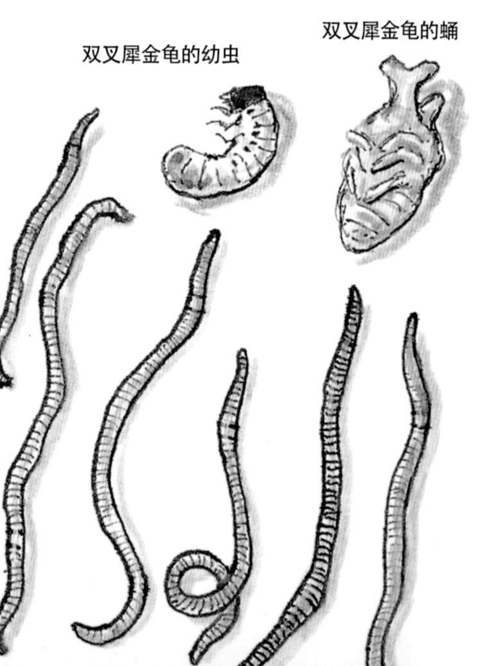

吃昆虫的样子

棺头蟋

大棺头蟋蟀

油蝉

蟪蛄

要问我们是怎样找到食物的，

我们一天离开卧室三次，在隧道中来回搜寻，

就可以找到吃的了。

不过我们不用眼睛找食物，

我们的视力不太好，隧道中又黑黢黢的。

所以我们用耳朵和身体的其他器官

来感知微弱的声音和振动，

这样就可以捕捉到隧道里的虫子和蠕动的蚯蚓。

再用鼻子闻一闻，我们就开始享用美餐啦。

所以，隧道既是我们捕捉虫子的地方，

又是我们的厨房和食堂。

所以，在虫子多的地方挖隧道是一件很重要的事情。

蜜蜂的幼虫

锹甲

蚱蝉

油蝉的幼虫

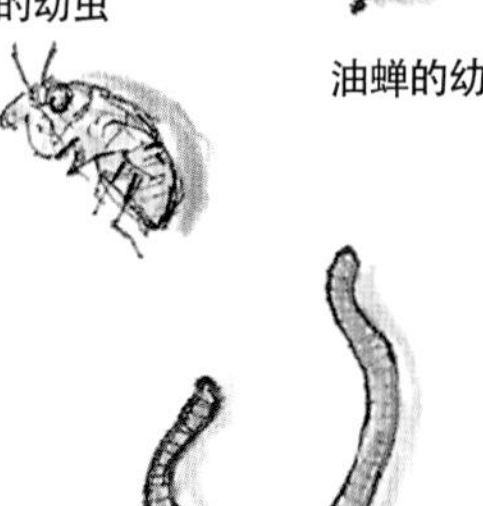

蟪蝉的幼虫

斑透翅蝉的幼虫

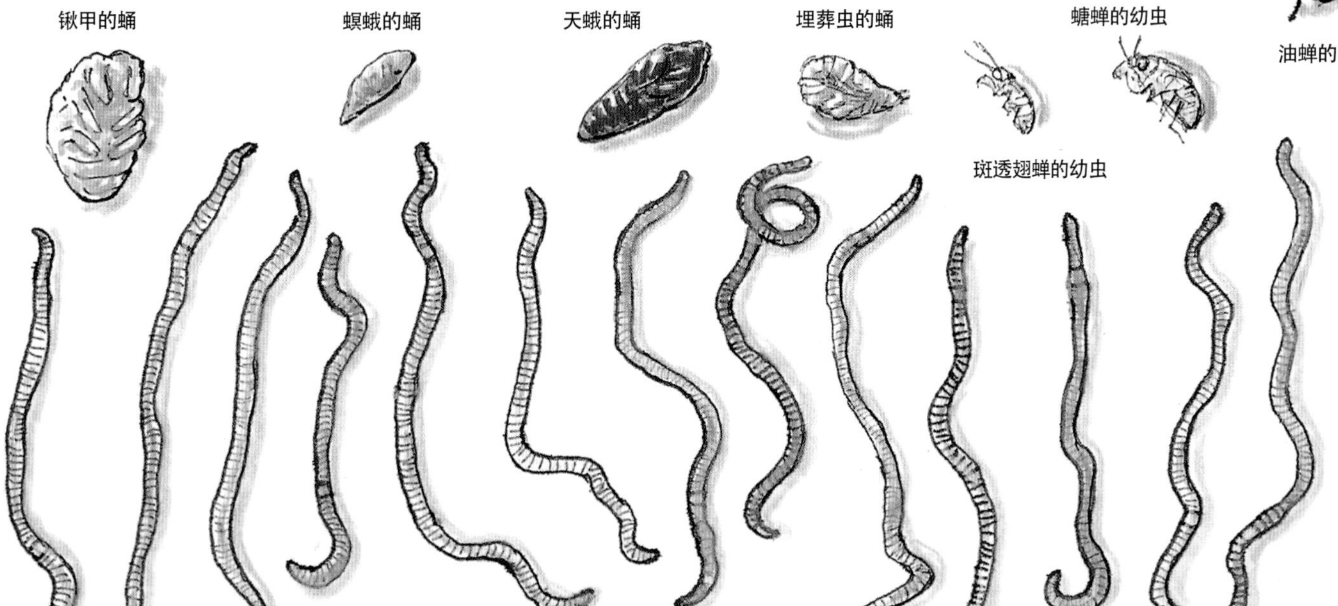

锹甲的蛹

螟蛾的蛹

天蛾的蛹

埋葬虫的蛹

6. 鼹鼠的不满

我们找遍隧道的各个角落，

发现食物并吃掉

大约要用 4 个小时。

肚子吃饱后我们要睡 3 ～ 4 小时的觉。

所以，我们每天找吃的，

吃饱了再睡觉，要这样重复三次。

人们把这样的我们叫作

“吃了睡，睡了吃的邋遢动物”。

还有人说：

“啊呜啊呜大口咽，

吊儿郎当每天睡，

所以它们才起名叫鼹鼠。”

说这些坏话的人

根本没想过为什么我们鼹鼠

要吃这么多食物，睡这么多觉。

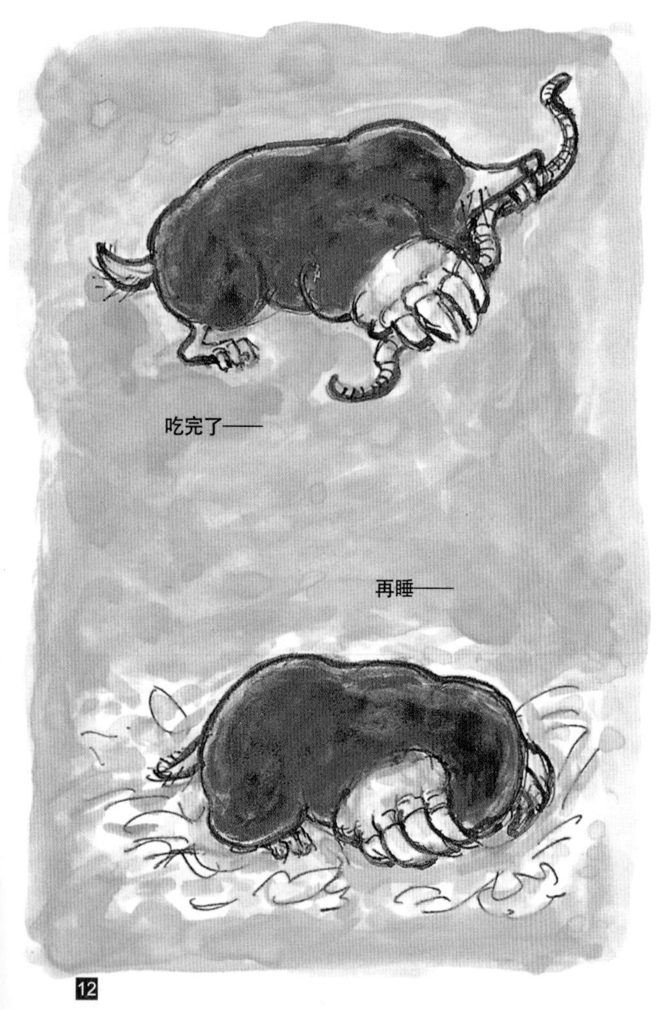

＊鼹鼠的生活

· 找食物 2 小时

· 吃东西 30 分钟～ 2 小时

· 睡觉 4 小时

就这样每天重复。

＊挖洞穴时消耗的能量是奔跑时消耗能量的 360 ～ 3400 倍。因此，挖掘 10 米长的隧道，就相当于奔跑了 3.6 ～ 34 千米。

对于体长 14 厘米的我们来说，
在 200 米长的隧道中来回穿梭，
就相当于一个身高 1.6 米的人
每天走三次 2.3 千米长的路。
如果还要挖掘新的隧道，
那就需要 100 倍甚至 1000 倍的力量，
所以我们会很累。
为了补充失去的体力，
我们要吃很多东西。
为了缓解疲劳，
我们需要多睡觉。

有人嘲笑我们说：“真是笨蛋，
这样一来你每天不就重复着
为了吃而活动，
为了活动而吃的生活吗？”
也有人笑话我们说：
“连那种傻事都做，
你们到底为什么活着啊？”
是啊，为什么我们要活着，
并且要一直这样生活下去呢？
让我来一点一点地告诉你们吧！

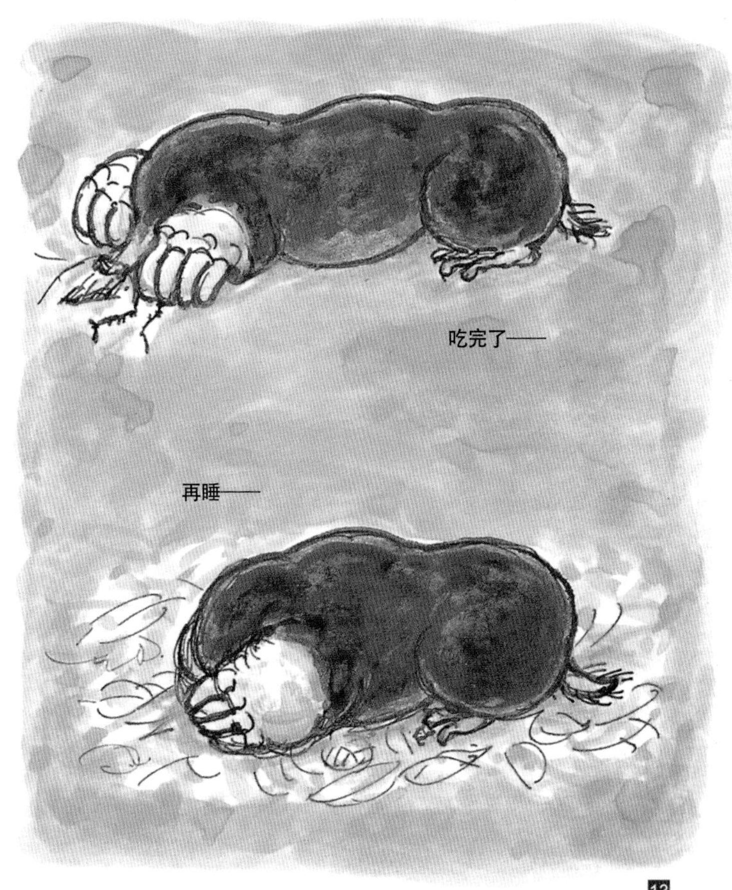

7. 我的新娘和我的孩子

那是快到春天的一个傍晚，

我又开始挖更长的隧道，为寻找我的新娘出发啦。

这当然也是鼹鼠一生中最重要的事之一。

健先生家的北面和西面都是布满岩石的山，

我们鼹鼠最不喜欢这样的地方了。

南面的道路十分坚硬，我也不喜欢。

于是，我小心翼翼地去隔壁“田鼹”的地盘附近溜达了一圈。

你猜怎么着？我居然遇到了一只特别漂亮的鼹鼠。

而且，最让我开心的是，它愿意做我的新娘。

因为鼹鼠不会和自己的新娘住在同一个洞穴里，

所以，后来我没再见过我的新娘。不过，听说它生了 4 个孩子呢。

小鼹鼠刚生下来时，全身光秃秃的。

它们是喝着鼹鼠妈妈的乳汁长大的（这一点跟人类一样）。

不久，小鼹鼠就长出了浓密的毛，开始在窝里爬来爬去，调皮捣蛋。

到了春末，小鼹鼠们都长成能独当一面的年轻鼹鼠了。

它们离开了一直生活的家，开始独立生活。

可是，年轻鼹鼠们掘土的力量还很弱，

而且，食物丰富的地方已经成了别的鼹鼠的地盘。

就这样流浪的时候，年轻鼹鼠们

往往被长尾林鸮等天敌袭击。

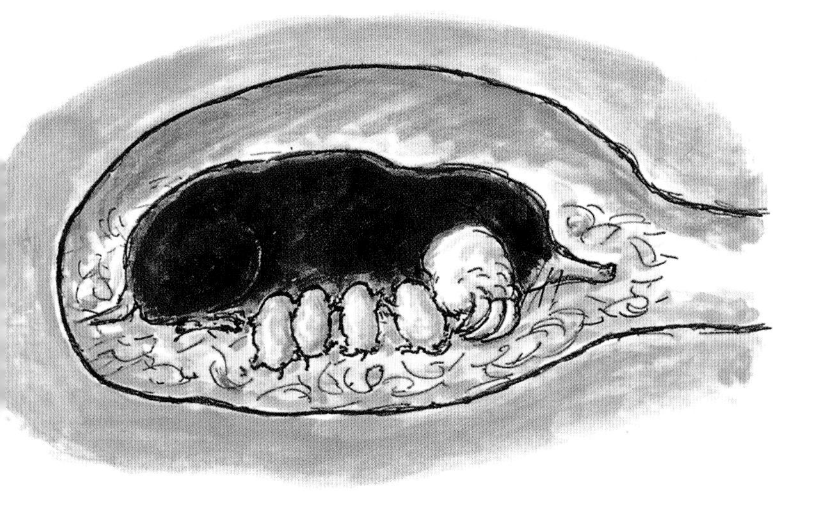

对于想要生存的年轻鼹鼠来说，

这个世界太残酷了。

但是，我，还有我的祖先，

我们都经历了更严酷的环境

和更艰辛的事情，

一直努力生存，

那是因为这个世界上

还有很多很多美好的事。

8. 我和我的伙伴们

我和生活在静冈县的伙伴们
叫作“今氏缺齿鼹”。
生活在日本关西、四国和九州岛的伙伴们
叫作“日本缺齿鼹”，
它们的个头比我们要大。
日本西海岸的新潟县，
很久以前被称为越后王国，
所以那里的鼹鼠叫作“越后缺齿鼹”。
跟新潟县隔海相望的佐渡岛上
也生活着我们的同伴，
它们叫作“佐渡缺齿鼹”。
这四种鼹鼠长得很像，都属于“缺齿鼹”。
听说在遥远的南方岛屿上，
还生活着一种“岛鼹”。

我们缺齿鼹的祖先好几百万年前
漂洋过海来到日本，
但这里早就已经有伙伴在生活了，
它们就是“本州鼹”。
本州鼹跟我们缺齿鼹长得也比较像，
但是浑身都是黑色的，
个头也比我们小多了。

佐渡缺齿鼹
体长 17 厘米，体重 130 克

日本鼩鼹
9 ~ 10 厘米，20 克

岛鼹
13 厘米，40 克

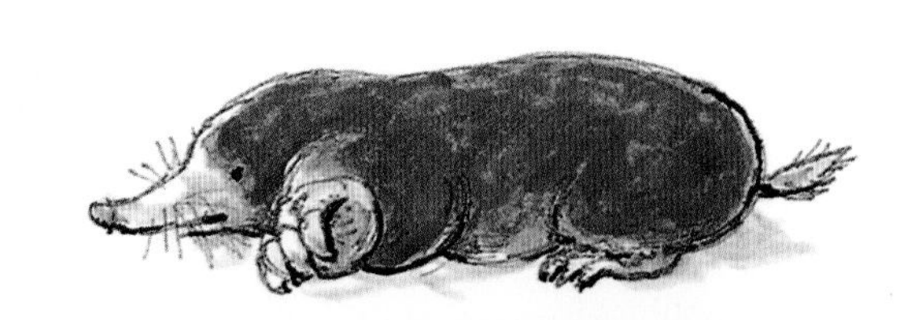

日本缺齿鼹
16 厘米，110 克

比本州鼹更早来到日本的是日本鼩鼹和日本小鼩鼹，
它们个头比我们要小得多，拖着长长的尾巴，
爪子没有我们的大，打洞功夫也没我们强。

我们鼹鼠和世界上的大部分动物一样，
只要有合适的自然环境，就会非常努力地生活。
我住的日本静冈县，就是最适合鼹鼠生活的地方之一。
每到秋天，瑟瑟的秋风就会扫下枯黄的树叶，
落叶厚厚地堆积在地面逐渐化作肥料滋养着大地。
不知经过了多少个春夏秋冬，土壤变得黝黑发亮，
地下的蚯蚓和虫子也变得越来越多。

不仅在日本的静冈县，
在中国东北的大兴安岭、云南玉龙雪山脚下、
台湾阿里山日月潭边，
在马来西亚的金马仑高原，在欧洲德国莱茵河畔，
在美国优胜美地国家公园，到处都有我和同伴的身影。
只要有适合的环境和丰富的食物，
我们鼹鼠就可以开开心心地
在地下打洞觅食，构建自己的乐园。

毛吻鼩鼹

7～8厘米，11克

今氏缺齿鼹

14厘米，90克

本州鼹

8厘米，40克

9. 十日夜和亥子庆

秋天，人们收割完稻子，年轻鼹鼠的生活也稳定下来。

这个时候，有些农村就会举行“十日夜”的活动。

听村里辈分最高的老爷爷说，

十月十日的夜晚，孩子们会唱着，

“十日夜，十日夜，十日夜的稻草枪，

打到田里荞麦旁，大豆小豆收成棒。”

还会用稻草枪敲打着地面转着圈。

十日夜

东日本在阴历十月九日或十日（或者阳历 11 月 10 日），为了庆祝丰收和驱逐鼹鼠、狸、貉而举行的祭祀活动。

在另外一些地方，有“亥子庆”的庆典。

“亥子日，亥子日，亥子之日打年糕，打完年糕吃年糕。”

在这样的歌声中，人们用石头和稻草敲击着地面。

想必那时候，我们的伙伴缺齿鼹一定吓坏了吧。

不论是“十日夜”还是“亥子庆”，

都反映出当时的农村，从大人到孩子都在辛苦劳作。

农忙结束之后，

人们把落叶和野草堆积起来发酵制成肥料，

爱吃腐叶的蚯蚓和虫子聚集起来，鼹鼠就被吸引过来了。

亥子庆

西日本在亥月（10 月）亥日，为了祈祷孩子们的平安、健康、顺产和庆祝丰收而举行的祭祀活动。

10. 打鼹鼠　送鼹鼠

十日夜和亥子庆的时候有煮东西吃的惯例，
正月的时候也有这种惯例。
“十四日，打鼹鼠，屋檐下，有木棒，用棒打鼹鼠。”
“十四日，打鼹鼠，鼹鼠快走开，鼹鼠快走开，
棒打鼹鼠，棒打鼹鼠。”人们唱着这样的歌，
用长长的木棒敲打着地面——

人们把石头装进稻草做的容器里，或者用稻草裹住石头。
“打鼹鼠，鼹鼠你在哪，要是在那里，我就来打你。”
“鼹鼠，鼹鼠，我们来送你，送到哪里去，送到土里去。”
人们唱着这样的歌，一边打着拍子，一边使劲敲打地面，
围绕房屋或田地转圈。

打鼹鼠

为了驱邪、驱赶对农业有害的兽类而举行的祭祀活动。人们用石头或木棒敲打地面发出声音，并围着房屋或田地转圈。这种祭祀活动也被叫作“送鼹鼠”“除鼹鼠”“追鼹鼠”“打鼹鼠”“赶鼹鼠”“打鼹鼠，送鼹鼠”“围火成圈”“规诫节”“驱鼹鼠”。

还有一些地方，曾经有这样的习俗：

孩子们用舀子捉住海参，

再用网网住海参，

“这是海参大人的路，长虫快走开，我要打鼹鼠。”

“海参大人来啦，打鼹鼠，鼹鼠快逃跑。”

孩子们唱着这样的歌，

一边打着拍子，一边拉着网跑，

或者把网住的海参扔起来。

在十月举行的“十日夜”和“亥子庆”，

表达了人们对农作物丰收的喜悦之情。

可是，这种正月里的祭祀是敲打地面发出声音，驱逐鼹鼠的活动。

对鼹鼠来说，这是一件很苦恼的事。

不过，鼹鼠的祖先知道，冬天最冷的时候，

孩子们打闹玩耍，说明他们身体健康，也学到了生活的智慧。

于是，我们鼹鼠的祖先们也就不在意这事儿了。

可是，有一件事很奇怪。

明明是在对付鼹鼠，为什么把海参也牵扯进来了呢？

甚至有人把鲍鱼和干乌贼也拿来了，

这到底是怎么一回事呢？

11. 海参的问题　鼹鼠的问题

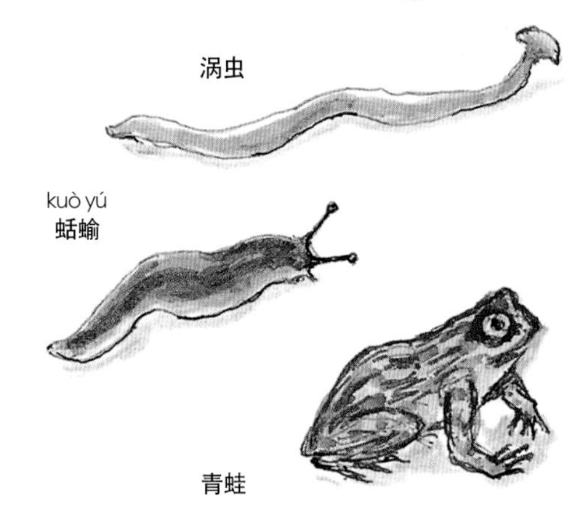

对鼹鼠来说，海参、鲍鱼、干乌贼
都是很可怕的东西吗？
我们鼹鼠吃的是蚯蚓之类的虫子，
有时也吃蜥蜴、蜈蚣、蜗牛、蛞蝓、青蛙等。
因为没吃过海参和鲍鱼，所以我们也说不准，
也许我们会吃得很香呢。

不过，比起海参和鲍鱼，还有一个更重要的问题。
那就是，人们认为鼹鼠会毁坏农作物。

我已经说过好几次了，鼹鼠的食物
是蚯蚓和昆虫等小动物，不是植物。

* 专家调查发现，鼹鼠的胃里有少量植物。但专家认为这是随着虫子一起吃进胃里的。所以，鼹鼠的主要食物是地底的虫子，而不是植物。

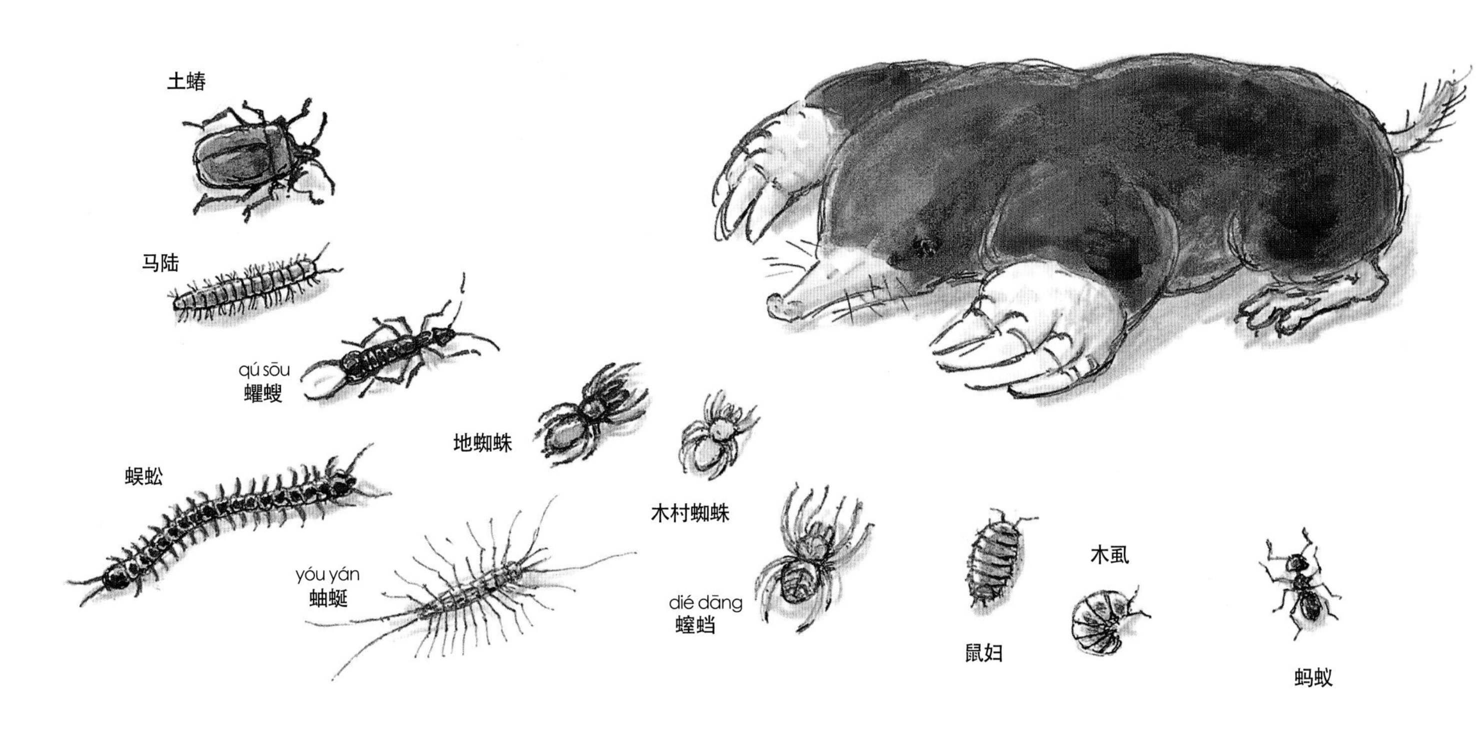

在依靠农业生活的时代，人们有很多错误的观念。
那时候到处都是落叶和枯草，土壤中有很多蚯蚓和昆虫。
我们的祖先有充足的食物，所以非常常见。
人们经常能在落叶下或者草堆里发现鼹鼠，
就误认为鼹鼠会吃植物的根，把鼹鼠当成了有害的动物。
实际上，无论过去还是现在，鼹鼠都是吃蚯蚓和昆虫的。
后来人们知道了自己的错误，但仍保留着过去的风俗习惯，
因为那些活动中还寄托着除了生存之外的重要期望。

* 海参、鲍鱼、干乌贼，在当时当地具有特别的含义。这是向掌权者献上海参等物的风俗残留。不过在民俗学研究中还没有确切的说法。

12. 种种不好都是鼹鼠的错吗

人类还有一种说法：

都是因为鼹鼠在田埂上打洞

田里的水才减少的，所以水稻没长好。

可是实际上，我们鼹鼠是不会挖掘没有用的隧道的，

蚯蚓一般不住在有水的地方，

在没有蚯蚓的地方的隧道，

肯定不是鼹鼠挖的。

为了防止水田里的水渗出来，

人们会在田埂上抹一层黏土。

到了冬天，田里的水就会干涸。

这时，就算我们在田埂上挖了隧道，

人们在插秧前也会先整平土地，

洞穴就都被堵上了，

因此，田里的水也不会减少的。

＊水田里的土是由培育水稻根的“耕作土”和下面的“苗床”组成的。

日本睡鼠

体长 3 ～ 8 厘米

体重 3 ～ 10 克

栖居于阔叶林、针阔混交林

以树木的果实和昆虫为食

挖隧道

细鼩鼱

体长 5 厘米

体重 2 ～ 5 克

栖息在森林及低地中

以昆虫、蚯蚓等为食

挖隧道

巢鼠

体长 6 厘米

体重 6 ～ 10 克

栖息在平原

吃稻子等农作物或昆虫

通过隧道逃跑

长爪鼩鼱

体长 6 ～ 10 厘米

体重 6 ～ 19 克

栖息在草原、森林中

吃蚯蚓、昆虫

常常挖隧道，地上地下均有活动

鼩鼱

体长 5 厘米

体重 3 ～ 13 克

栖息在高山中

吃昆虫，挖隧道

日本麝鼩

体长 6 ～ 8 厘米

体重 5 ～ 12 克

栖息在树林、草丛或民居中

吃昆虫，挖隧道

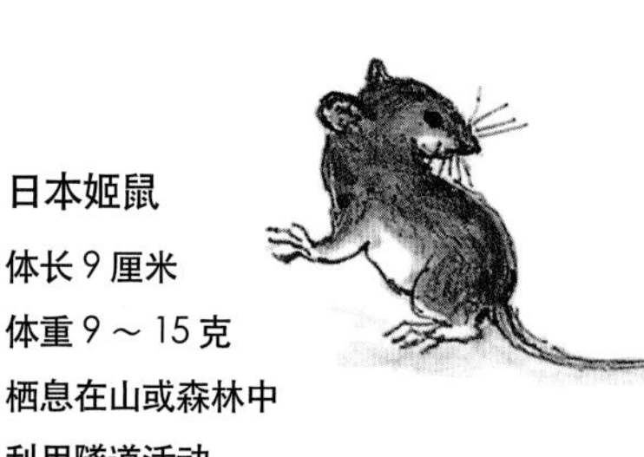

日本姬鼠

体长 9 厘米

体重 9 ～ 15 克

栖息在山或森林中

利用隧道活动，

把植物种子贮藏在隧道中

在抹泥加固的狭窄田埂上挖掘隧道的是鼹鼠吗？
从麦田周围的土丘、树林、堤坝中跑到田埂上挖掘隧道，
在隧道中奔跑，吃农作物，干这些坏事的动物有很多种，
为什么偏偏认为是鼹鼠呢？
我也不喜欢唠唠叨叨说很多以前的事情，
冤枉也好不冤枉也罢，暂且就当成是我们鼹鼠的错吧。
那么，受鼠害损失的农作物到底有多少呢？
计算一下就会发现，受鼠害损失的大米
只占大米总量的很小很小一部分而已。

为什么这么小的损失也要这样大肆宣扬呢？
人类吵着喊着说鼹鼠有害，是害兽，
到底想对我们怎么样呢？
如果人类真的认为没有鼹鼠就好的话——
那这对鼹鼠来说可是个大问题。

＊田埂抹泥：插秧之前，将水田整平，用铁锹压实，使田埂侧面像墙壁一样坚固。

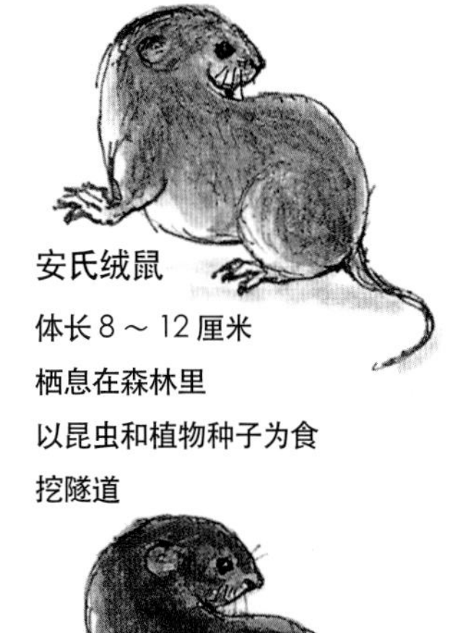

安氏绒鼠
体长 8 ～ 12 厘米
栖息在森林里
以昆虫和植物种子为食
挖隧道

大林姬鼠
体长 10 ～ 12 厘米
体重 50 ～ 60 克
栖息于森林中
吃昆虫和植物种子
用隧道贮藏食物

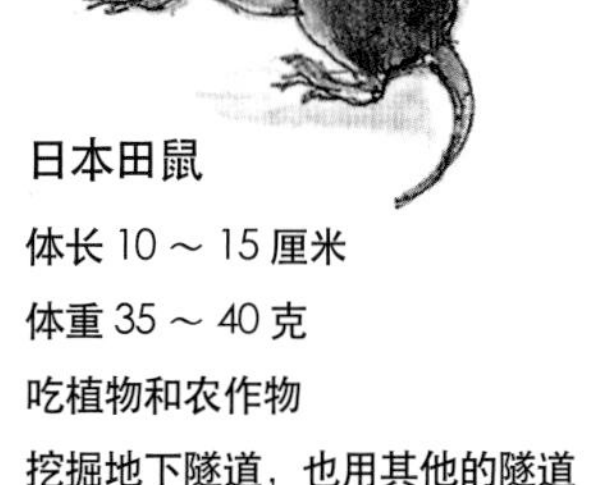

日本田鼠
体长 10 ～ 15 厘米
体重 35 ～ 40 克
吃植物和农作物
挖掘地下隧道，也用其他的隧道

日本水鼩
体长 12 厘米
40 克
栖息在河里
以鱼、蛙及水生昆虫为食
在地下挖洞穴，挖隧道

13. 误解和过错　真难办

关于鼹鼠的误解还有好多呢。

比如，至今都有很多人相信鼹鼠一晒太阳就会死。

虽说我们平日里都在地下生活，但傍晚还是会来到地面上，

所以我们不会一晒太阳就死掉。

离开妈妈寻找地盘的年轻鼹鼠还不会挖洞穴，

有时候因为找不到吃的，年轻鼹鼠最终会死去。

人们看到了这样的鼹鼠，就以为是晒太阳而死的。

一晒太阳就会死?

有人说，鼹鼠不喝水。

有人认为鼹鼠 8 个小时不吃东西就会死去。

那都是因为有时人们会捉到活的鼹鼠，

他们尝试饲养，却不知道正确的饲养方法，

所以被饲养的鼹鼠通常很快就死去了。

鼹鼠可以被饲养吗?

*鼹鼠对新环境的适应性很差，要是饲养鼹鼠，就必须有适合鼹鼠的狭小而稳固的活动空间，尤其要让鼹鼠接触到墙壁。鼹鼠要花很长的时间才可能适应新环境，否则它们就不会进食。

人们普遍误认为：鼹鼠不会游泳；

既然老鼠的繁殖能力很强，

那么鼹鼠的数量也会像老鼠一样迅速增加。

其实这样的认识都是错误的。

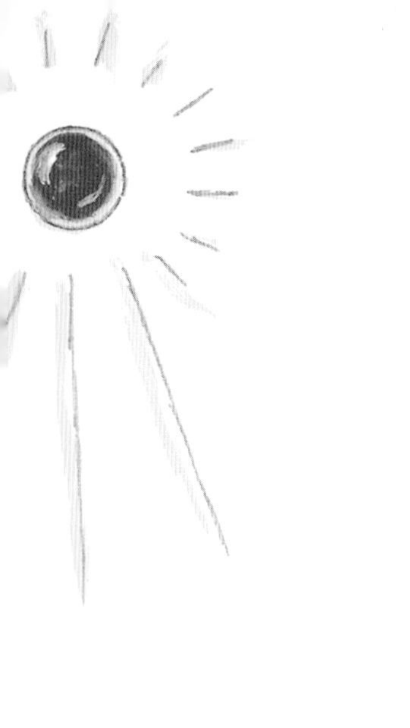

还有人说，鼹鼠耳朵听不见，眼睛也看不见，
真是什么都不行。
由于长期在地下生活，我们的视力变得很弱，
小小的眼睛被毛发覆盖着，但还是能感受到光线。
虽然没有耳廓，但我们的耳道较宽，
所以可以捕捉到微弱的声音和振动。
我们跟人类一样，是呼吸着空气生活的，
如果按住我们不让我们呼吸，
我们也是会发出叫声表示抗议的。

在太阳底下会发晕?

我把这些误解和“打鼹鼠”“冤枉罪”，
还有“鼹鼠造成的损失”一起给大家解释清楚了。
希望人类能好好调查了解一下鼹鼠，
消除误解，不再迷信。
我们期待着这一天。
从我的爷爷，还有爷爷的爷爷开始，
我们已经等了很久很久啦——

14. 鼹鼠的疑问解决了吗

我们先不谈鼹鼠的问题，
来看看农业是怎样一步步发展的吧。

从研究出水稻栽培技术之后，
人们克服了种种困难，进行了优良品种的选育。
后来，人们开始用化学肥料和农药代替堆肥，
由于水稻品种优良，再经过人们的努力，
稻米产量大幅度增加。

人们开始觉得待在农村就没有光明的前途。
电视和衣服渐渐有了越来越大的需求，
农村的年轻人开始在生产电视和服装的工厂里上班。

人们的生活渐渐变得富裕起来，
但水和大气的污染却不断加重。
强效的化学药品污染了土壤和河流，
昆虫和蚯蚓们都无法继续生存了。
不过，幸好我爷爷发现了健先生家的院子，
我在这里快乐地生活着。

外国的便宜食品突然大量进口，
农民辛苦种植的大米就卖不出去了。
于是，人们就减少了水田的数量，不再种植水稻。

人们发明了农村老人都可以使用的卡车和农业机器，
田埂也变成了汽车可以通过的坚硬道路。
水田里埋着可以调节水量的瓦管和水管，
温室大棚一座座建造起来。

按这样的发展情况，100 多年前
困扰着日本农民的“打鼹鼠”“误解”和“冤枉罪”，
在 1970 年左右就完全不存在了，成了久远的传说。
鼹鼠、蚯蚓、昆虫和稻蝗也不见了。
水田中劳作的人数减少了，
但稻米的产量却由于农业机器的使用而增加了。

今后的农业将会怎样发展呢？
很多人都在担心这个问题。

但是鼹鼠的疑问还是没法解决，
因为鼹鼠的生存与蚯蚓、昆虫，
还有田里的落叶是息息相关的，
鼹鼠与大自然联系紧密。
如果自然环境不断遭到破坏，
即使人类不再有“打鼹鼠”的习俗了，
鼹鼠的生存也会受到威胁。

15. 终于到了人类的问题啦

地球上的生物都是大自然孕育出来的，
最古老的生物大约 40 亿年前就出现了。
粗略地算一下，我们鼹鼠的祖先
5000 万年前就开始在自然中生活了。
从父母到子女，遗传特征每经过一代就会有微小的改变，
就这样经过大约3000万代，我们鼹鼠才逐渐变成了今天的样子。
我们鼹鼠有以下 4 个特点：

①全身有毛。
（鼹鼠的毛被称赞像天鹅绒一样美丽）
②全身流淌着热血。
（所以总是精力充沛）
③会生孩子，并用乳汁哺育孩子。
（不产卵。幼崽很小，形态跟父母一样，出生并成长）
④用耳朵和鼻子感知周围的动静， 拥有一定的判断能力。
（正因为如此，鼹鼠才不是什么都不行的动物）

地球上各种生物的关系

这 4 个特点，其实是哺乳动物共有的。
我的新娘、我的孩子、“田鼹”，还有人类，
都是有这几种特点的哺乳动物。
希望大家不要说“真是的，怎么跟鼹鼠一样呢。”
我们也是在自然界中出生、成长的动物。

所以，我们鼹鼠在农村越来越少见，
这也是作为我们同伴的人类的责任吧。
我们是同土地、落叶、植物和自然共同生活的，
所以，人类也应该与我们共命运，
把我们的问题当作人类自己的问题去思考和解决。
那时候，人类也会像我们一样
享受生活的乐趣，浑身充满新的力量。

那么，各位人类同伴，你们一定要加油哦。

后记

我出生在一个北陆地区的小家庭里，那里有一条自西向南的小河流过。小时候，我在院子里看到鼹鼠洞口的小土丘，第一次知道了鼹鼠的存在。

在学校农场务农的时候，我在堆肥里发现了鼹鼠的窝。如今我依然记得，有个朋友很喜欢全身光溜溜的鼹鼠幼崽，笑眯眯地把它们放进了自己的口袋里。

自那以后，我就很久没有见过鼹鼠了。这次能够深入地接触鼹鼠，不禁让我怀念起过去的时光，不免有些感伤。

在此，向给予我专业指导的富山大学教育学部的横田泰志先生致以崇高的谢意。承蒙横田先生不吝赐教，深表感谢。

作者介绍

加古里子

1926年出生于日本福井县。毕业于东京大学工学部应用化学专业，专攻有机合成化学、石油化学。在化学研究所工作的同时，致力于社会福利工作和教育文化活动。工学博士、工程师。1973年以后，任电视专栏讲师及东京大学、都立大学、横滨国立大学、山梨大学教师，致力于人文、社会工作，以大自然为主题，创作了大量充满童趣、童心的故事和绘本。

主要作品有《小达摩和小天狗》《地球》《宇宙》《人类》（福音馆书店），《乌鸦面包店》《金字塔》（偕成社），《斧头斧头不得了》《加古里子小绘本》系列，《怪物蜻蜓大揭秘》《你知道狸藻吗》《跳舞鱼的N个为什么》《水母的秘密》《鼹鼠有疑问》《台风大追踪》《雷电大揭秘》《富士山大喷发》（小峰书店）。

图书在版编目（CIP）数据

鼹鼠有疑问／〔日〕加古里子著绘；杨延峰译. -武汉：长江少年儿童出版社，2017.3（加古里子自然大图鉴）
ISBN 978-7-5560-3141-2
Ⅰ. ①鼹… Ⅱ. ①加… ②杨… Ⅲ. ①鼹科－少儿读物 Ⅳ. ①Q959.831-49
中国版本图书馆CIP数据核字(2015)第179061号

鼹鼠有疑问

〔日〕加古里子／著绘　杨延峰／译
策划编辑／周　杰
责任编辑／傅一新　佟　一　周　杰
装帧设计／王　中　美术编辑／陈经华
出版发行／长江少年儿童出版社
经销／全国新华书店
印刷／鹤山雅图仕印刷有限公司
开本／889×1194　1/16　2.5印张
版次／2019年8月第1版第4次印刷
书号／ISBN 978-7-5560-3141-2
审图号／GS（2018）2413号
定价／25.00元

KAKO SATOSHI DAISHIZEN NO FUSHIGI EHON
MOGURA NO MONDAI MOGURA NO MONKU

by Satoshi KAKO

策划／心喜阅信息咨询（深圳）有限公司　咨询热线／0755-82705599　销售热线／027-87396822　http://www.lovereadingbooks.com

世界上的各种食虫类动物

❷ 古巴沟齿鼩（古巴岛）

❶ 臭鼩（东南亚、东非）

❻ 格氏金鼹（南非）

❼ 巨金鼹（南非）

❽ 金鼹（南非）

❾ 刺猬（欧洲、亚洲、非洲）

❿ 刺毛鼩猬（东南亚）

广义上的食虫类哺乳动物 344 种

劳亚食虫目

- 鼩鼱科（246 种）
  日本麝鼩、日本水鼩、长爪鼩鼱、臭鼩❶等
- 鼹科（29 种）
- 沟齿鼩科（2 种）
  古巴沟齿鼩❷海地沟齿鼩❸
- 猬科（17 种）
  刺猬❾刺毛鼩猬❿等

非洲鼩目

- 马岛猬科（32 种）
  马岛猬❹巨獭鼩❺
- 金鼹科（18 种）
  格氏金鼹❻巨金鼹❼金鼹❽等